活着，就要幸福

[韩] 法顶禅师 著

柳时华 编 柳奇奇 译

21
二十一世纪出版社
21st Century Publishing House

活着，就要幸福

目 录

活着，就要幸福

　　曾有位黑衣妇人，强忍住啜泣，在饭桌旁坐了下来与我们一同用膳。她替刚过世的儿子做完四十九日祭（四十九日祭，又称"七七祭"。即在人死后第四十九天举行的祭奠），随后在寺庙住持的引领下，走进房间与众人同坐。她的出现，使空气中弥漫着哀伤的气氛。

　　她的儿子于留学归来不久，正准备入伍的某日，出门去和朋友吃晚饭，却在回家的路上因心脏麻痹猝死。失去唯一挚爱的儿子，妇人日日痛苦得以泪浇心，万般痛楚。现在的她虽然忍着不让泪水决堤，言行举止却都宛若悲泣。

　　我回头看着法顶禅师，心想这时禅师应该会安慰这位妇人，说些这样的话："因为因缘，您的儿子来到您身边，今又离去，这只是上天暂时将他交给您照料，随后又将他带走而已。请节哀顺变……"

　　但是法顶禅师只是默默地吃饭，间或给她夹些小菜，并劝她多吃点。妇人继续诉说自己儿子的往事，禅师用心听着，不时又夹些菜放到她的面前。

直至用膳将尽，禅师也不曾说什么安慰的话语，但妇人的脸上开始浮现出安定、平和的表情。

我无从理解那是什么力量，使得妇人的内心在倾刻间产生了如此曼妙的转变。回想起刚才吃饭的情景，禅师一刻也未曾怠慢这位妇人。其实，大家都是为了拜见难得下山一趟的禅师才在这里齐聚一堂，但禅师的目光却一直没有离开过她，其他人根本无法介入其中。或许就是这种强烈的关注，让妇人得到了安慰，进而使她对生命的痛苦感为之升华。彼时，法顶禅师就像为病痛缠身的患者进行治疗的医生，渐渐引导她走出悲伤。

午饭后，我们一同走出房间，在洒满初春阳光的寺院里散步。一直走在法顶禅师身旁的妇人似乎在回想着什么，她的表情渐渐变得明朗，似乎濒死的灵魂再度获得新生，眼中的泪水不再充满哀伤，而是满含安心与感激。

我们在庭院的尽头与她道别，随后朝寺院前方的房间走去。回首远望，她依旧双手合十站在那里，目送着法顶禅师远去。

之后我们又多次与她共度了些时光，因为法顶禅师每次从江原道的山上下来时，都会通过寺庙的住持和她取得联系，让她得以常来拜访禅师。随着时光流逝，法顶禅师对她的关注渐次淡化，她也渐渐适应了独居的生活。

某一天我准备搭飞机前往纽约时，竟在机场与她邂逅。她开心地跟我打了招呼。直到登上飞机后，她那爽朗的笑容还在我的脑海中盘桓不去。

回教神秘主义诗人鲁米曾写道：

人生如同小小的旅店，
每天清晨都有新的客人到来。
喜悦，绝望，悲伤，
还有些许瞬间的领悟，
都像是意外的访客到来。

热情地迎接每一位客人吧。
纵然他们曾在你悲伤之时，
粗暴地劫掠你的家园，
夺走你的所有财物。
即便如此，也应尊重每一位客人，
因为这样能令你有重获新生的喜悦。

又有另一位女子。

某年的秋天，我和法顶禅师在佛日庵同住了一段日子。佛日庵位于松广寺的后山，是一个下车后还得步行三十多分钟的陡峭山路才能抵达的偏远之地。从一九七五年到一九九二年，禅师曾在那里独自修行了十七年。如今，禅师舍弃火田民（从前韩国贫苦农民往往将放火烧山、开垦田地的人，称为火田民）的身份，搬到江原道的小屋后，每年都会为了探望旧居而回到现今弟子们依止的佛日庵，偶尔我也会和禅师一起沿着山路步行到那里。

那日清晨，秋霜染白了山石缝隙里的苔藓，禅师与我正坐在房间里喝茶，一位年过五旬的妇人沿着山路前来拜访。之前我曾在寺庙里见过她几次。她说，昨天听寺庙的住持说禅师去了佛日庵，于是今天就赶过来了。

如果要在清晨到达这里，大概天亮之前就得出发，我想她一路上一定走得很急，因为连长在山路上的苔藓也被她带进了房间。我们连忙迎她入室，煮了红薯给她当早饭。秋阳洒入摆放着红薯与热茶的雅静房间，让人觉得这真是一个闲静的早晨。

然而，妇人突如其来的哭声迅即划破了宁静。她方才还只是一位来访的妇人，现在看上去却像一只受尽煎熬的迷途羔羊。原来，她的丈夫因为误信他人，以致赔上了毕生的积蓄；而大学毕业的儿子不知受了什么打击，突然把自己关进房间，数月不肯跨出门槛一步；她本人则罹患重病，看似简单的动作对她来说都很费力，能这样一路走到这里，连她自己都觉得是个奇迹。

"我该怎么活下去？"妇人大声问道。她并不只是在问未来该怎么办，同时还传达出想要摆脱痛苦、解决问题、继续过安生日子的渴求。

茶与红薯渐渐凉了，禅师听毕她的哭诉后点点头："既然已经上山，您就在这里住一晚吧。"他就这样结束了清晨的谈话。接着，我们来到后院，将自己投身于秋日山林的怀抱中。

那天，她捡拾木柴，在给房中的火炕生火后，就与我们一起在秋收过后的田埂间绕着小屋散步，如是度过了一整天的时间。到了晚上，我们与禅师席面而坐，静静地喝茶。

佛日庵有这样一条戒律：欣然款待访客，并在太阳下山之前送他们下山。严禁与女子一起共用晚餐，也不得留宿她们。但是禅师打破了这条规矩，不仅腾出一间房间让那位疲惫不堪的妇人过夜，还为她准备了一床被褥。这虽然只是一点点的付出，可对此时的她来说却是极大的恩惠与安慰。

第二天，妇人下山去了。禅师陪着行动不便的她一直走到山下的车站。这或许是禅师的一日修吧！而对妇人日后的生命意义而言，那一天却成为生活的动力。

人虽是独立的个体，但在人生道路上，亲切的关怀却可以挽扶起跌倒的人。之后，我在别的地方再次遇见她，互相问候时，她面带微笑，说现在过得很好。我并不太清楚她是如何解决家庭困难和改善自身健康问题的，也许根本没有什么太大的改变。但是从她的回答中，我可以了解到，现在的她已经学会以平静的心态来接受人生的种种变故，也了悟到所有的痛苦都源于自己的内心。也许她明白，这才是解决问题的根本所在吧。

犹太教神秘主义学者哈西德曾流传下一则寓言：人类死后，灵魂将前往天国，而在通往天国的大门外矗立着一棵非常高大的树，这棵树被称为"悲伤之树"，树枝上挂满了写有人们生前各种悲伤故事的纸条。来到此地的灵魂，都在纸条上写下自己的悲伤故事，挂上枝头后，牵着天使的手，绕这棵巨树飞行一周，逐一阅读他人的故事。最后，天使许诺他可以选择自己觉得最不悲伤的故事，从那里重新开始自己的人生。大多数灵魂都选择从自己的故事继续下一次的旅程，那是因为看过了"悲伤之树"上的各种故事后，他们才明白，自己过去的人生就显得不是最悲惨的了。

记得那妇人下山的那天正是月圆之日。我和禅师早早用过晚饭，来到漆黑的院子里等待月亮升起。夜空里繁星闪烁，我们在沉默中等待。满月在前方山顶上探出了脸，那是天地间凝聚月光精华的庄严瞬间。我和禅师一起，面朝那轮圆月，双手合十，各自在心中祈祷。月亮大概能听见人们许下的愿望吧，我为禅师的健康祈祷，愿他长久引领我们。

转眼间月亮已经升上山顶，散发出皎洁的光芒，俯瞰着众生的世界。回房前，我问禅师祈祷了些什么。禅师说："愿世间的众生都能幸福。"

作为声名远播的自然主义思想家与实践家，法顶禅师在年少时出家，大半生在山中独自修行。他对一味强调"拥有"和"发展"的世俗理念深表质疑，并不断呼吁人们从清贫简朴的生活中，发现生命的本质。

他被尊称为韩国的梭罗，如同东方隐士，后来因为有太多人慕名而来，使得他迁往山里，独自隐居。三十余年间，禅师通过每月写一篇文字与众人交流，指陈物质不能让所有的人满足，反而会使人们失去自由。原本是自身拥有之物，却反受其摆布，这种人生幻象，是我们应该舍弃的。

人类的历史就是不断扩张自己的势力范围，为此贪欲而争斗不休的过程。人为了满足己欲，不只是物品，甚至连同类都想占为己有，这就是法顶禅师对人类历史的看法。现代社会以消费为指向形成的单一文化，促使全世界都在一直强调若要寻求幸福，必须先拥有和消费。但我们若是这样想，只会离幸福越来越远。

三十余年间，禅师宛如诗般的文字，无一不

是在为众生祈祷。他畅谈无所有、自由、单纯与简朴，阐述独处、沉默、通往幸福之路以及对存在的反省，字里行间都是对我们的谆谆教诲。

他的文字之所以能成为醒世箴言，是他长久的精进修行所致。某些读者读完禅师的文章后说："我觉得自己如同不劳而获的人，禅师修行多年，而拥有超凡的洞察力，我们却能通过禅师的文字轻松获益。"我也有同感。我至今仍觉得他是为了对我们有所助益，才会坚持过着严格修行的生活；此外，受到禅师的文字感悟而修正人生方向的人，真是何其之多啊。

禅师还曾指出："不要去做未经深思熟虑而只是模仿别人的事情，那是猴子们才会有的行为。如果你不想成为某人的复制品，就要真正依循自己的轨道前行。"

即使独处，禅师也始终如一，就像屹立在同一处的大树一样，他的文字蕴涵着生命的真理和哲学思想。每次来到佛日庵，我都会指着院子里的那棵高大的樟树问："这棵树都多大年纪了啊？"

其实我不是想知道这棵树的年龄，而是想对始终屹立在此的它表示感恩。

禅师的文字充满灵性，阅读时仿若沐浴在清静的松林中，进而洗去心上的尘杂。在逐页翻书的过程中，我们仿佛听到禅师的声音；以此观之，禅师并非独自隐居，他已经通过文字将自己与世间万物相连。

有读者说："法顶禅师于天地间孤寂地生活，终日隐居山中，是象征他想与世间万物休戚与共。"

法顶禅师出家修行至今已有五十余年，他说，真正的自由是精神上的自由。岁月夺不走证悟的灵魂，我们将生命视为己有，所以才恐惧它的消逝。但生命并不是我们的财产，而是始终存在的状态。我们应该担心的不是衰老，而是锈蚀的人生。

"活着的时候忠于生命，全心全意地活着；死亡的时候忠于死亡，全心全意地死亡。"

我们向着自己的内心深处提问："在自己的世界里，你身处何方？"

这本箴言集并不像某些书籍，适合一口气读完，反而更像那种即使一次读不完，也会长期摆在身边的书。我的房间里摆满了很多书籍，但法顶禅师的书却与众不同。他的书并不只是一本书，而更像一位心灵导师，与我长相左右。"法顶"这个名字本身就是山，就是山中那小小的房子，充满清净之感，因为他不管身在何处，都毫无挂碍，自由自在。

柳时华

活着，就要幸福

幸福的秘诀

相较于对世界妥协，
我们更需警惕的是，
向自己妥协。

我们一旦变得执著，
把某事当做人生的全部，
就会受其禁锢，
如同腐臭的死水。

能够放下，并且离开，
才能活出自我。
每一次都这样开始，才是生活。
摘去古老的面具，
跨过腐朽的藩篱，
从腐旧的思想中释放自我，
才能真正地重新开始。

无论多么贫困，
只要用心，我们就可以分享。
当我们相互分享着内心——

这个最为根本的事物时，
世俗物质自然会如影随形。
这样，生命将会变得更加富有。

倘若以世俗的演算法计较分享，
我们将发现自己所拥有的，越来越少，
但从脱离世俗的观点来看，
我们分享越多，拥有的也就越多。

人往往容易在物质的富有中流于堕落。
然若内心清明，即使贫穷，
却也可拥有平和与正确的思想。

幸福的秘诀，不在于拥有多少必需的东西，
而在于能从不需要的物件中获得多少自由。
"比上不足，比下有余。"
寻求幸福的方法就在我们心中。

需要一个，就只拿一个。
拿了两个，连最初拥有的感动也会失去。

人若被关进那个名为"占有"的小房间，
灵魂之门就不会为他敞开。
我们应满足于"小"与"少"，
这正是清贫的美德。

与万有引力同理，
若我们内心灰暗，
阴郁即会随之到来。
但若内心开朗、积极乐观，
人生将会更加光芒万丈。

自 在

陷溺于不安与哀伤中的人，
就拘泥于已逝的过往。
惧怕未来而彻夜难眠的人，
已预支了未来。

在过去与未来间东张西望，
就会浪费当下的人生。

没有过去也没有未来。
只有不断相续的现在。

现在若能尽己所能地奋斗、生活，
对生死将无所畏惧。

每个人都活出真实的自我吧。

静　默

我欣赏懂得保持沉默的人，
初次见面，或者熟识后，皆然，
话多的人不能信任。

与我见面的人很多，
遇到沉默寡言的人，
反而更想对他敞开心扉。

人与人之间，重要的不是言语，
我们应该言之有物。
因为没有耐心去思考自己想说的话，
只急于一吐为快，
这是恶习。

未经深思熟虑就脱口而出，
使内在备感空虚，言语乏味。
要懂得利用沉默筛拣语言，
让意义更精简。

佛经有云：

寡言少语，愚亦成智。
应忍受想要说话的冲动。

若只图一吐为快，
语言中就不会有什么内涵与分量。
没有分量的话语，
无法引起对方的共鸣。

今时今日，人类的语言被视为噪音，
是因为不理解沉默是金，
是把噪音和语言混为一谈的结果。

我们常常不是因为没说出口而后悔，
反倒是说出口后才感到更加后悔。

为此，我欣赏懂得保持沉默的人。

死即生

我们每天都应做到死后重生。
如凤凰历经死亡的痛苦后，
进入涅槃而重获新生，
生命焕发出全新的光彩。

生与死，如同日与夜。
没有永恒的白昼，也没有永恒的黑夜。
日渐斜则夜来，夜渐深则日近。
我们同样应该每时每刻地重生。

活着的时候就应全心全意忠于生命。
一旦生命殆尽，就该毫无依恋地放手。

果实成熟后自会坠落，
如是方能孕育出新芽。

倘若每分每秒都能重生，
让日日皆焕然一新，
人生也将充满徐风与清香。

应时时观照，
我们来自何方，又将去往何处。

日日为新

幸福是什么？
我们能因外在的事物感到幸福，
但发自内心、散发着花香般的幸福，
才是真正的幸福。

幸福非来自繁多与硕大之处，
而是源于极其微小的所在。
感受小小的温暖、喜悦与感激，
便是幸福。

不过度依赖现代文明，
偶尔在夜晚关掉电灯，
试着点燃蜡烛。
即使不在山中，
亦能间接感受山中的幽静。

与三两亲友一起啜饮清雅的绿茶，
畅谈恬淡的话题，
生命也会散发馨香。

偶尔放下手中的电话，不看报纸，
用三十分钟，哪怕十分钟也好，
舒展筋骨，面墙而坐，
问问自己："我是谁？"

这样扪心自问，
能证悟生命的根源。
远离文明的喧嚣，
一天之中哪怕只有一瞬间，
能拥有真正属于自己的时间，
生活的质量也会有所提升。

万物皆逝

坐在溪畔侧耳倾听，
就会重新认识到，
不只是水，
世间万物都在流逝不止。

好事也好，坏事也罢，
我们所经历的一切，
只是昙花一现而已。
万事万物都会变化，
看似永恒的岁月与人心，无非如此。

在人的一生中，
喜悦与愤怒，
快乐与悲伤，
都不过是暂时的情绪，
世事本无常。

所谓人间百态，
往往经历时痛苦得难以承受，
再回首，才会明白，
当时发生的事自有其意义。

世上没有无因之果，
自己掘出的陷阱，
也只有自己才会掉进去。

从前所经历的痛苦，
以及为克服痛苦而做的努力，
日后将结为硕果。
用何种方式来克服困难，
决定了我们的未来。

祈 祷

修行者视祈祷为灵魂的食粮。
祈祷，是上天赐予人类的资产。
当无法依靠理性时，
祈祷将会帮助我们。

祈祷只是一种虔诚的祝福，
而不是要企求得到什么。
祈祷并非通过声音，
而是通过内心的真诚来实现。
话语若非出自真心，
就无法得到回应。

若要探寻自我的源泉，
应先虔诚地祈祷。
真正的祈祷无需宗教仪式，
有一颗虔诚的心即可。
时时诚心地祈祷，
你的灵魂将得到安抚。

祈祷还需要沉默。
言语滋生妄念，使精神涣散。
神圣的沉默是心灵的语言，
可使身心内外和谐一体。

某位印度禅师曾说：
"如同人的身体需要食物，
我们的灵魂也需要祈祷。"

祈祷是开启清晨的钥匙，
是关闭夜晚的门闩。

一粒种子

心中涌出某种信念时，
应将它收藏于内心深处，
化作一粒种子。

这粒种子会在心灵的土壤中生根发芽，
成长为一棵大树。

默默地祈请吧。
每个人都有神圣的灵魂。

在这崎岖艰险的人世上生活，
若能侧耳倾听那清澈透明的心灵，
就不会误入歧途。

无论多么珍贵的东西，
一旦张嘴倾吐而出，
内心就会如旷野般空无一物。

将思想深藏心底，
它将成为一粒种子，
生根发芽，抽枝长叶，
继而绽放花朵，结得硕果满树。

无法结果的种子只是个空壳。
一粒种子结出了果实，
也就有了全新的意义。

人，是孤独的存在

花鸟从不与他人攀比，
只是尽情展示自我，
让宇宙更为和谐。
不与他人攀比，
只过自己的人生时，
生命也就变得纯粹。

一个人能拥有多少财富皆有定数，
应对此感到知足，
并时刻审视自己的内心，
戒贪戒躁。

我这辈子将会一直这样吗？
现在的我是否活出了真我？
应对此进行反思。

我希望成为怎样的人？
又希望实现什么目标？
应该这样自问。

有谁会为我打造人生？
我的人生只能由我自己去开创。
就此而言，
每个人都是孤独的。
谁不是伴着自己的身影，
步履蹒跚地行走大地！

天　空

"人也能像天空一般清朗，
我曾在一个人身上嗅到了天空的味道。"
你可曾在谁的身上嗅到过天空的味道？
只有自身也散发出那种味道的人，
才能嗅到。

日复一日，年复一年，
不断流逝的岁月令人倦怠。
竭尽全力地付出，
却没有任何改观，
人生就这样渐渐被时间锈蚀。

为了避免自己的人生锈迹斑斑，
应时刻保持清醒，
倾注全力地内省，以提升自我。

每个人都要学会独立，
但也应与他人交流。
如同某位诗人所言：
"要像那一根根彼此间隔却不分散的琴弦。"

琴弦因为彼此间有距离才能发出声响，
紧贴在一起就拨弄不出任何声音，
距离太宽又会失去音准。

幸福源于节制。
如果言行过于执著，
幸福就会被侵蚀。

人际交往也应有所节制。
当心灵感到温暖时，
当思念漫溢时，
当灵魂的馨香渗入时，
再和朋友见面吧。
频繁见面，就无法积累友情和幸福。

或许你有过这样的经历。
看到庭院中沾着露水的西葫芦，
想要摘下来送给朋友。
漫步在田间小径或是山路上时，
看到盛开的鲜花，

想要将心中对于美的悸动传递给朋友。

拥有这种经历的人，即使相隔甚远，
也能成为心灵相通的朋友。
益友是人生最珍贵的宝藏，
去结交这样的朋友，
将人生点缀得更加绚丽多彩吧！

遗　书

虽然平时已经力行不懈，
但在生命的火焰燃尽前，
独居者皆应严格自律。
若上了年纪就有所松懈，
这一生会变得寒酸不已。

人不只在年轻时，才能如花朵般绽放。
如果上了年纪也能坚持装点自己的人生，
那么每一天，都可以绽放出全新的花朵。

奢华绚烂的春花固然美，
但秋霜下绽放芬芳的菊花，
与其他花儿相比更显珍贵。

最近时常想，
生活应当每日常新。
无论读者是谁，
我都要尽己所能，
以写遗嘱的心态，
写下人生的真章。

贫穷的托钵僧

"我是贫穷的托钵僧。
我有纺车、教养院的饭钵、羊奶罐、
几条破旧的毛毯、毛巾，
以及再普通不过的板凳，
仅此而已。"

这是圣雄甘地在一九三一年九月
赴伦敦参加第二次圆桌会议途中，
向马赛的海关人员展示随身物品时说的话。

读到《甘地语录》中的这段话时，
我感到羞愧万分。
因为我拥有的东西实在太多了，
至少现在是这样的。

最初出生时，
不带一物来。

要离开这个世界时，
也将两手空空地离开。

岁月渐长，
我拥有了很多东西，
那些当然可以称为日用必需品，
但它们都是必须拥有的吗？

整理一下，
你会发现很多东西可有可无。

让内心充实

如果内心充实，
生命即变得富有，
我们应该充实自己的内心。

虔诚地祈祷，
自然能感到内心充裕，
种种苦闷也将就此消散。

有的人外表光鲜亮丽，
内在却依然贫困空虚。
因为他们想要得到更多，
以致错过了眼前的美好。

幸福的条件是什么？
是关爱、体贴与感激。
一杯恬淡的香茶，
也能让我备感幸福。

走在山路上，
不经意看见一朵绽放的丁香花，

我也会感到无比幸福，
并由此汲取了一整天的精神食粮。

有时，听到朋友亲切的声音，
即使只是一通电话，
幸福感也会油然而生。

幸福藏于如此细微的寻常小事，
而非来自显而易见的特殊大事。

拥有的比别人少，
却能从单纯与简朴中，
享受生活的纯真和喜悦。
这才是真正懂得清贫之道。

生活清贫，却能感受到纯真与喜悦，
这不是贫穷，
而是富有。

活在当下

珍视眼前，
活在当下，
我们应时刻如此警醒。

人生路上，不要东张西望，
做事情时不要心猿意马，
与人交流时不要被蒙蔽。

应向内审视自我，
珍视每一个当下，
找出属于自己的生命轨道。

人生需松弛有度，
太紧张就会失去弹性，
以致无法继续前行。

应把每一天都视为生命的起点，
奋勇向前。

无所有的生命

无所有并不是要你抛弃所有，
也不是要你一贫如洗，
而是不拥有不必要的东西。

当你明白无所有的真正意义，
生活即变得轻松自在。
我们所选择的清贫，
比富贵更有价值，也更为珍贵。
这并不是消极的生活态度，
而是充满智慧的人生抉择。

如果不知足，
内心时常犹豫不安，
是因为我们无法融入世界。

我们只是世界的一部分，
不是独立的个体，
每个人都是世界的一分子。

无论是否看到对方，
是否有血缘关系，
每个人都是相互牵扯，
彼此关联的。
这就是生命的本质。

寂　寞

并非独居的人才会感到寂寞。
大多数人都在与自己的影子相伴度日。
回首去看自己的身影，
谁不感到孤寂？

不觉寂寞的人，是麻木的。
太过寂寞，也不妥当。

犹如两肋间轻拂而过的微风一般，
偶尔寂寞，
可以净化与升华自我。

所以偶尔，
我们也应如感觉到饥饿那般，
本能地体会孤寂。

存在之境

言语,
是承载思想的容器。
思想纯净透明,
言语亦然。

思想粗鄙,
言语也就显得粗鲁。

通过言语可以洞察人品。
通过言语可见存在之境。

没有永恒

世事无常。
任何艰辛或快乐都不会永续。

倘若终其一生皆是艰难险阻，
有谁愿意忍受呢？
恐怕都会选择放弃。

好事不恒常。
否则，人容易奢骄。
越是身处困境，越要乐观向上。
应当明白：
只要存在，便有价值。

一生中弥足珍贵之物，
并非身份地位，亦非财物，
而是能够明了自己是谁。

"我到底是谁？"
与任何时候相比，
身陷困境之时，
更应如是确认自身的价值。

地位、金钱与才能，都不重要，
只有对待生活的态度，
才能界定人生的价值。

惭愧心

有的人，
拥有的财物比我少得多，
但从未失去快乐与纯真。
面对他们的时候，
我总是自惭形秽。

有的人，
拥有的财物比我多得多。

面对他们的时候，
我却不会感到气短。

令我感到惭愧与寒酸的是，
遇到比我拥有更少，
却还不忘在单纯与简朴中，
体悟生命的喜悦与纯真的人。

同一颗心

我们的心，
并非各自独立地存在，
而是同一颗心。

犹如同根生的枝条，
我们有同一颗心。

听闻对方的不幸际遇时会流泪，
原因也在于此。

若有一方遭逢苦痛，
另一方怎能不感同身受？

拥有清澈透明的心，彼此相通，
才能寻获内在的平和安定，
这是通往幸福与自由的捷径。

真　谛

所谓真谛，
不能靠借鉴他人的知识而获得，
只有亲身体验方能领悟。

别人的经历与认知，
最终都只能化作别人的观点，
而非我们自己的见识。

别人的学识，
终究无法内化为自己的智慧。

朋 友

朋友相见，
应能产生灵魂的共鸣。
相见太频繁，
会失去引发共鸣的力量。

好朋友即使相隔千里，
亦如知音常随。

思念彼此时，再见面吧。
否则，双方的重逢只会索然无味。

心灵能彼此呼应，
才是真正的朋友。
朋友间若能如此，
纵然相隔千里，
心亦相随永伴。

真正的相见即是心灵的交流，
否则，双方的会面就只是相遇，而非相见。
我们应为此时常自省。

要结交益友，
首先自己要成为他人的益友。
所谓朋友，
正是在你需要时出现的人。

如铁自生锈

《法句经》中有这样一则比喻：
"如铁自生锈，生已自腐蚀。"
与此同理，若内心懈怠，
人亦会生锈。

若想成为健全的人，
就要懂得看清自己的内心，
并且心持善念。
此境界不可一蹴而就，
只有坚持不懈地修行方能达成。

荷叶的智慧

雨滴在荷叶上聚积，
到了一定程度，
摇曳不定的荷叶就会毫无留恋地，
将这水晶般的珠子倾泻而出。

雨珠落入下方的荷叶，
又令荷叶开始摇晃，
使得雨珠骨碌碌滑入池塘。

原来，荷叶只承载自己可以承受的重量，
一旦超过负荷就会完全清空。
无意间见到此景，
不禁感叹荷叶的智慧。

若是不分轻重地承受，
只会使荷叶破裂，或使荷茎折断。
生命亦如是，
我们应关照生命所能承受之轻重。

向花儿学习

百花齐放，满园春色。
它们不效仿他人，
只是努力绽放自身的美丽。

草木均会展现出真实的特性，
继而绽放孕育生命的花朵，
传递自己的思想与感情。

林悌先生曾说过：
"无论何时何地，皆应积极看待一切，
这样，你不论身在何处，
都能绽放出清香的花朵。"

不愿接受现在的命运，
只会变得不幸。
是映山红，就该拥有映山红的美丽，
是蒲公英，就应像蒲公英那样绽放。
春天里盛开的花儿告诉我们，
与他人攀比只会带来不幸。

先师常提到美的本质。
"无事者即稀贵。
无须矫饰，
自然才是真。"

"无事者"，
并不是指无所事事的人，
而是指不执著于眼前的事情，
尽人事，听天命，
并因此得到自由的人。

不要刻意装扮自己，
真正的美在于最纯朴的本质，
而非靠装扮得来。

水墨境界

若以画作来比喻单纯，
那么单纯的境界，
就该如同水墨画一般了。

古时的画家尝试过各种颜色之后，
终究还是决定以水墨作画。

其实墨的颜色并不单一。
墨色之中，饱含各种色彩。

从冥想的角度去看，
那水墨绘就的画里，
是沉默与空旷的世界。

喜乐相随

生活应充满快乐。
如果不快乐，生命将不会长久。

快乐不是靠他人给予，
而是源于自己的积极乐观。
我们应懂得从日常小事中，
汲取快乐与感激。

我们生于斯世，
只有乐观对待每一件事，
才能时刻散发生机与活力。

也只有如此，
我们才会在独居的生活中找到快乐。

擦　窗

昨天，擦拭了窗子。

没有风的日子里，
我独自擦拭玻璃窗，
内心因此变得清澈，
我亦由此体会到真正的澄净。

灿烂的阳光下，
新擦过的窗户闪闪发亮，
整个房间都变得整洁了。

秋日的午后，
坐在空寂的房间里，
看着阳光灿烂而温暖地映照在窗上，
我的内心感受到难以言喻的充实。

生命如此纯净透明，
我觉得自己很幸福。

享受幸福的人

现代人的不幸源于物质上的富有，
而非不足。
虽然追求物质的过程可令人感到满足，
但过于充裕只会令我们越来越不知足。

我们之所以不幸，
不在于拥有的财物太少，
而在于失去了心的温暖。
若不想失去温暖，就应关爱身边的人，
以及所有的动物与植物。

将石菖蒲与紫金牛移到阳光下，
并为之浇水，注视着叶子和果实时，
内心也随之温暖起来。

夜里偶尔因为咳嗽醒来，
打开窗子看见皎洁的月光，
看到月亮是白的，雪是白的，
甚至整个世界都是白的。
内心会因此感到温暖。

人世间没有永恒，
万物皆为过客。
所以活着的时候，
应及时与他人分享内心的温暖。

认为自己幸福的人是幸福的，
认为自己不幸的人是最不幸的。
是否幸福并非由外界决定，
而是由自己创造、追寻的。

我们应该把握幸福，
并与他人分享，
把所谓的不幸抛诸脑后，
活着，我们都要幸福。

因缘与相逢

佛家云：
因缘具足，则相逢。
倘若因缘未至，
即使具备相逢的条件，
也是无法相逢的。

如若拥有相逢的因缘，
时机成熟后自会相逢。

所谓相逢，
即心与心的契合与沟通。

宇宙本身就是一颗心。
当我们敞开心扉，
就可与世界相呼应。

心的主人

不管身在何处，
我都是心无挂碍的闲人。
人们正是因为无法掌控内心，
才成为载浮载沉的芸芸众生之一。

人为什么会愤怒或者悲伤？
相较于外界的刺激，
无法控制内心才是缘由所在。

人心，真是妙不可言。
胸怀宽广时能容下整个世界，
狭隘时连一根针都容不下。

改造内心并非易事。
古谚有云，
不应听从于内心，
要努力控制内心。

不要虚度年华

人的肉体就像裹着豆子的豆荚。
虽然常有变化，
生命却不会因此幻灭。

无论外貌如何改变，
生命本身都不会消失，
他只是不断地变化外形。
真正的死亡从不存在，
生命才是宇宙的真谛。

肉体消亡后，
生命会以何种形式存在呢？
他们在别处，换了姓名，有了新的肉体。
所以究其根本，人是不会死亡的。

活着的时候，
有谁能预知明天？
都无法预料。

所以，"有花堪折直须折"，
应时刻修正自己的内心，
使之愈发清澈澄净。

人人都会老去，最终死亡。
但我们不应畏惧死亡，
而应畏惧虚度年华。

流　水

无论身在何处，
人的内在都应像水一般流动，
像花一般绽放。

水要畅流，
才不会阻滞，
亦不会腐臭。

水流若不通畅，
便会失去生气，逐渐腐臭。

人的内在，
若可如滔滔江水一般奔流不息，
永远流动，那该有多好。

生命的终点

走过一生行至终点时，
我留下了些什么？
其实现今所拥有的，
只是暂时属于我。

物质或名誉，
本质上我都无法占为己有。
它们只是我停留人世时，
如影相随的附属品。

可以随我一同离开人世的东西，
才是真正属于我的。
所以，我现今所拥有的，
其实并非真的属于我。

平时应与他人分享内心的温暖，
借此才可超越时空的障蔽，
造就出永远属于自己的东西。

只有施舍他人的行为，
才是真正属于我的。
正如古谚所云：
"万般带不走，
唯有业随身。"

甘地亦曾说过：
"世人因贪求而富有，
也因贪求而贫穷。"

不要拒绝与他人分享，
因为我们无法预见未来。

修行者

真正的修行者，
不会贪恋世俗的名誉和地位。
这样的人心无挂碍，
亦无所求，
他的内心单纯而简朴。

多梦之人，
亦多妄想与烦恼。
修行者拥有甚少，
其思想也应简朴单纯，
自然也应无梦。

修行者亦寡言。
话多者，其思想未经深思，
故而缺少内涵与分量。
所以，应铭记沉默的美德。

修行者在开口前，
必先思考，
这番话对于自己、对于听者，

抑或对于传话之人，
是否有益？

修行者更应贫苦度日，
应知晓贫苦的含义。
贫苦中潜藏佛门义理：
拥有太多便不是出家人。
保持清醒，克制物欲，
乃是贫苦的真谛。

对于修行者而言，
贫苦亦即富有。
越贫苦则越富有。
应学会在一无所有的境界里，
懂得知足。
修行者应不断充实内心，
而非执著于追求财物。

修行者从不怠惰，
而是身体力行。

怠惰，无异于自断修行之道。

孤独与孤立不同。

修行者或许孤独，

但不可以被孤立。

因为孤立意味着与他人断绝联系，

孤独，则仍会与他人有所关联。

孤立是自我隔绝于任何人，

生命则是在人与人的关联中形成的。

彻底的孤独，

并非无所寄托的寂寞，

而是自我的真实面目。

修行之旅既是踽踽独行的旅程，

也可说是体验孤独的奥妙之旅。

修行者虽要从自我开始修行，

却并非止于自我。

也就是说，自我是修行的起点，

但非终点。

修行者需看清自我，

不要为其所困。
修行者隐居山林，
并非为了逃避人群，
而是为了证悟自身。

远离人群，
并非与其断绝联系，
而是为了找寻对他们有所帮助的道路。

言语与沉默

有的人，
看似沉默不语，
却常在内心诅咒他人，
这种人无疑时时都陷于混乱中。

有的人，
虽然口若悬河，
实为保持沉默。
那是因为，他从不说多余的话。

少欲知足

既然出生时两手空空来，
贫苦又有何妨？
既然离世时不带一物去，
富贵又有何益？

应尽量少使用拥有之物，
若不节省，丰富的资源也会枯竭。
如若节省，即使原本贫乏，
亦会逐渐丰盈。
拥有无多，也能幸福生活。
拥有无多，也可看清自我。

我们应将以"拥有"和"消费"的追求，
转变为以"存在"为指向的生活态度。

选择以"拥有"或"存在"为指向的生命，
都能各得其乐。
然而，在遭逢逆境时，
何种人生更值得我们信赖，

或更有价值，
其差异自会清楚呈现。

面对同样的现实，
要么享受单纯的喜悦，
要么从此担惊受怕。

少欲知足，
应满足于小与少。
幸福并非源于大与多，
而在小与少之中。

日渐膨胀的欲望永无止境。
而稀少与微小的事物中，
常流溢着充满感激的生命芬芳。

不羁的野兽

修行者总是希望独处。
即使聚居某地共同生活，
也是如隐者般各自修行。
他们即便相互扶持，
也不会成为彼此的束缚。
他们最大的愿望便是独立与自由，
如同不受束缚的野兽，
为了猎食而奔走山林间。
为了寻找独立与自由，
他们孤身上路。

水流花开

人不可以总是被困于某处，
而应像花儿那样时常绽放。

若是有生命的花儿，
今日绽放的花朵必与昨日不同。
若是有生命的花儿，
今日的馨香与容颜必不同于往日。

人一旦执著于某物，
将其视为一切，
则与洼泽中的死水无异，
终将腐臭。

日日出家

我向来独居。
若不严格自律，
如何能够修行？
所以我从未懈怠早晚礼佛。
只要有一日忘记礼佛，
进而整个月都会忘记，
人生就将变得无序。

我们应该摆脱惰性，
这是生命中的必修课。
纵使陷入惰性的泥沼，也要能够脱身。

每个人都有自己的生活，
也有自己的世界，
但也需要有超脱俗世的出家精神。

并非要进山或进寺庙剃度，
而是需要那种出家的精神。

独自生活时，
即便物质匮乏也要忍耐。
只因感到孤独，就想放弃，
这种习惯应该戒除。
否则，辛苦修得的澄澈心性就会消解。

若无法独自生活，
就会错失证悟自我的良机。
若不能独自沉思，
不能冷静自省，
就无法把握人生的旋律，
生命也将失去活力。

靠自己

我只希望简单平凡地活着，
随心所欲、自由自在，
不烦扰任何人，
从此活出真正的自我。

若想变得单纯，
需要偶尔独处。
人会在独处时变得单纯，
禅修之门也会为之开启。

就本质而言，
人只能独自生活。

独自生活的人，
渴望如莲花般出淤泥而不染，
不为任何事物所束缚，
自由而单纯，
堂堂正正地做人。

人活于世，不应依靠外界。
只应该依靠自己，
依靠真理。

只靠自己，
不依附于任何事物，
这才是自我的真实面貌。

现在的你

你在听什么，
又在吃什么呢？
你说了些什么，
思考着什么，
又在做什么呢？

这些事情，构成了现在的你，
以及你所累积的业。
此后的人生里，
你都在如是打造自我。
务请谨记。

返照自心

怨恨他人时，
被怨恨的并非对方，
而是自己。
愤世嫉俗或怨天尤人者，
伤害的并非他人，而是自己。
如果每天都这样活着，
生活就会乌烟瘴气。

应通过交际来了解人生，
并反省自我。

返照自心，是观察自己的内心深处，
深入体悟人生的内涵。

无论何时，皆应解开心上的束缚。
如若此生不去解开，
不知还会纠缠不清至何时。

怨恨源于自心，
喜爱亦源于自心。

娑婆苦海

我们称人世为苦海，意即痛苦的海洋。
"娑婆"即是此意。
在这娑婆苦海中生存，
不能期望事事顺利，
困难总会一再出现。

每个家庭，都有各自的苦与乐。
前路若无障碍，
人会变得轻慢、自大，
不再关心他人困苦，
内心也会日渐骄奢。

所以《宝王三昧念佛直指》告诫我们，
"处事不求无难，
世无难则骄奢必起"，
又说"以患难为逍遥"。

勿依循外界的观念去看待眼前的困难，
应用心去感受，
视其为必经之事。

不应逃避烦恼，
而应将其克服。

这样做有什么意义？
是为了在心中细想，
自己何以遭遇不幸，
然后重新振作起来。

无论任何人，自诞生起，
就会背负起别人看不到的负担。
负担有轻有重各不相同，
这就是人生。

不应该听闻世间万般苦就想逃离，
应该去经历和克服那些困苦。

思念的人

真正要见的，
应是思念的那个人。

不论近在咫尺还是远隔千里，
漂泊不定的那个人，
更要与其相见。

若思念对方却无法相见，
将会成为人生的遗憾。
不因思念而致的见面，
只是公式化的照面，
抑或平常的擦肩而过。

仅仅照面或擦肩而过，
不会产生灵魂的共鸣。
虽然形式上见面了，
但还不是真正的相见。

空无一物的心

灯盏内积满了油，
灯芯逐渐缩短，
灯火明灭不定。
我们可以从此场景中悟得
"盈满所不能及之空"的境界。

空无一物的心，
亦被称做无心，
也就是最本真的心。
若被添入其他东西，
就不是原来那颗真心了。

因为空无一物，
内心才会有自省的空间，
人生也才会历久弥新、充满活力。

倾　听

全神贯注地听，
便会习惯沉默。
沉默，
是心灵的海洋。

真实的言语，
酝酿于心灵的海洋。

没有自己的词汇，
只是一味学舌，
这样的我们又算什么呢？

应全神贯注地聆听，
以外界事物为媒，
唤醒内在沉睡的声音。

懂得倾听，
便会在沉默中了悟自我。
总是多话的人，
会轻易忘却自我。

有这样一段文字：

"向他人转述听来的事情前，
应先想好该怎么说。"
具有内涵的言语，
会在内心如种子般成长。

所以，我们倾听的时候，
也正是了悟自我的沉默时刻。

树枝折断的声音

在山中生活过的人都知道，
到了冬天，
树木的枝干易被大雪压断。
即使是暴风雨中纹丝不动的合欢树，
顽强挺立的松树，
一旦被大雪覆盖，
也会断落一地的枝干。

深夜，
山谷里回荡着树枝断裂的声音时，
我便无法入眠。

柔弱的积雪压断了挺拔的枝干，
于是冬季过后，
这座山千疮百孔，好似大病了一场。

和谁在一起

我常常自问，
我会在这深山中与谁共处？
大概仍然会独自生活，
微风清爽、月光皎洁、云朵洁白，
还有溪水环绕山林，
身处如此美景之中，
我已不在意是否有人陪伴。
我可以观赏、聆听，用肌肤去感触，
再用心去接纳如是的生活。

何必一定要与他人共处呢？
每个人都可以加入群体，
但实际上与他人相处的，
只是我们的肉体。

你会和谁在一起？

都要幸福

连日大雪阻断了山路，
无法下山的我，
独自住在冷寂的山中，
格外享受独处的乐趣，
享受融入身边美景的感觉。

雪停后月亮探出了脸，
"月白雪白天地白"的美丽景致，
几乎令人窒息。

所有的亲朋好友，
都要幸福，
都要平安，
都要快乐。

拥　有

拥有某件东西，
换个角度看亦是被其拥有，
被其束缚。

拥有某件东西时，
虽然精神上得以满足，
但猜疑、嫉妒甚至争斗，
也会接踵而至。

我们甚至终有一日，
会抛弃所有身外之物，
不是吗？

舍弃了所拥有的，
也就解脱了束缚。
我们应如是生活。

人生目标应是活得精彩，
而非万贯家财。
舍得，
才能得到更多。

一无所有时，
便拥有了全世界。
这正是无所有的另一层涵义。

过度重视拥有的东西，
我们就会反遭其支配。
所以，添置财物应遵照实际需求，
而非欲望。
要明白欲望和必需的差异。

风为何而吹

为何有风吹来？
它来自何处又将去往何方？
风是受气压变化影响而形成的空气流动，
只有不停活动才能形成风。

但又岂止是风在活动，
有生命的物体都在活动。
江水流动不息，
波涛翻滚不止；
默默站立着的树木也在活动，
其内在的树汁在循环流动；
日升日落与月儿盈亏，
也是一种循环不断的活动。

若没有了宇宙间的种种活动，
人也就无法存活了。

在这世上，
没有静止不动的事物。
固定或停止就意味着死亡。

万物都在变化中生存。
从一极变化至另一极，
只有通过这样的变动，
方可成就生机盎然的一生。

人生的春天

冰封的大地上，
春天再次萌芽。

冬天里沉寂的草木，
也在鸟儿的鸣叫声中苏醒。
我们心中的春天也该萌芽了。

在生活的泥沼中奋斗的我们，
应摒弃怠惰的陋习，
从中解脱，再重新开始。

人生的春天来自何处？
抛却陋习重新开始时，
新芽便会萌发。

内　心

人的内心，
非善亦非恶。

善与恶，
只随因缘际遇而生。

遇善缘，
心亦随之变善。
反之，遭恶因，
心亦随之作恶。

如同身处大雾中，
不经意间便会湿了衣服。

亲近泥土

近来每到日暮西山时，
总要脱下外衣，赤脚走进菜田里除草，
此事已成为我独处时的必修课。
该如何形容光脚踩在泥土上的感觉？
那是在亲近泥土，
吸收宇宙的精华。

去亲近泥土吧。
泥土中将有生命的种子萌芽。
我们应远离那脆弱的都市沙漠，
去亲近泥土，
将生命之根深植于大地。

大地，永远是我们的母亲，
我们在土地上种下粮食，
在土地上搭建房屋，
亦在土地上直立行走。
我们的人生，
犹如躺卧在土地上发酵的过程。

对我们而言，
泥土不只是甘甜的乳汁，
它还教给我们许多东西。
种子撒进泥土后会发芽，
进而抽枝展叶，开花结果。
生命的萌芽现象，
也会在其他领域对我们有所启悟。

正因如此，
我们只有亲近泥土去学习它的美德，
才会变得谦虚，懂得信任与等待。
泥土中没有谎言，
也没有无序争抢。

钢筋水泥和柏油之中，
没有生命可以萌芽。
都市甚至会抗拒，
那雨水落下时发出的自然之声。
但是泥土，会接受雨和雨的声音。

听着雨滴落入泥土的声音，
我就如同回到了故乡一般，
顿感宁静平和。

脱下鞋袜，
去感受那田里的泥土吧。
嗅一嗅泥土的气味，
那是纯粹的生之喜悦。

破 执

"人情越浓，道心越稀疏。"
禅师此言值得借鉴。
执著使我们不再自由。
破执，便是摆脱所有束缚，
达到自由自在的境界。
不过那些束缚的根源不在他处，
正是在于"执著"。
相较于所拥有的事物，
人情的执著更具束缚力。
是以出家便有"离开执著的家"之意，
也正因如此，
出家修行人有时看似金属般无情。

无论何时，
出家人皆在破除自我的执著，
而出家人的慈悲，
犹如温暖的春日和风。

山

乍看之下，
山只是山。

若敞开心扉，
真挚地观望，
自己仿佛也成了山。

在世间奔走求生时，
山只是看着我。

当内心变得幽静清闲时，
便是我去观望那山了。

再次上路

这个春天，我要再次上路。
移居此地已有一段时间，
现在该去寻找新居了。
修行之人若长期停留某处，
就会堕入安逸与懈怠的池沼而日渐腐朽。
我要重新踏上陌生的旅程，
寻求新的道路。

不丢弃旧的东西，
就无法接受新的事物。
应及时放弃现有的事物，
这样才可以找到新的。

人生之路应由自己去开拓，
任何人都无法代替完成。
我希望将来可以更加单纯简朴地活着，
仿佛无我。
我不想成为别人，
只想做我自己。

我的人生，
只按照我自己的方式前进，
不受任何人干涉，
也不会效仿他人。

自主生活的前提，
是谨守自己的本分。
这本分包括勤劳、简朴、单纯，
以及不加害他人。

无所畏惧的人生

将生命视为己物，
才会惧怕它的消逝。
但生命并非一切，
它只是存在的状态。

世界上没有什么可以永恒，
一切不过是昙花一现而已。
但仍要尽力做好当下的每件事，
无愧于心地生活。
人生毕竟充满惊喜，
充满美丽的事物。

如若害怕明天的到来，
说明你今天并没有认真生活。
若认真过好今天，
便没有理由去担心明天。

惧怕死亡，
就是执著此生、视生命为己物的表现。
若可放下对生命的执著，

即使面对必然的死亡，

也不会有丝毫畏惧。

请倾听水声。

那是宇宙的脉搏，

是岁月流逝的声音，

是为行走在人生路上的我们，

指点方向的警醒之声。

秋天是个奇怪的季节

秋天是个奇怪的季节。
每在此时心平气和地回首来路，
眺望碧空下绵延的树林，
突然自问"什么是活着"时，
内心就特别柔软，
宛若沾染了细雨的树叶。
秋天似乎就是这样的季节。

汽车里播放的流行歌曲，
歌词直抵内心，
尽收于耳。
此刻，你们正在怎样的天空下，
做着什么事情呢？
偶尔在深夜里挂念远方的友人，
于是埋首灯下，摊开通讯簿，
朋友们的欢颜笑貌一一浮现。
秋天似乎就是这样的季节。

在夕阳下枯叶飘落的声音中，
在蟋蟀的鸣叫声中，
我们更容易敞开温柔的心灵。

想对遇见的人们报以温暖的目光。
想记住他们每个人的面孔。
来生在某个路口偶遇时，
就可以说："啊，这不是某某吗？"
然后热情地与之握手。

在这个秋天，我想爱所有的人，
对任何一个人，
都不会冷漠相待。
秋天真是个奇怪的季节。

像树一样

萌发新芽，
伸展枝叶，
结出累累果实。
待时机成熟，
便舍弃所有，再度孑然一身，
屹立于冬日的天空下。
这是生生不息的树。

张开双臂，敞开胸怀，
淡然拥抱飞来的鸟儿们。
即使被暴风雨折断枝干，
也会屹立原地毫不动摇。
看到身旁的树木绽放出花朵，
看到其上飞舞的蜂蝶也不嫉妒，
这是平静而坚强的树。

夏日里，提供清凉的树荫，
让路人稍作歇息再继续出发，
也不期望得到任何回报，
这是兼具美德的树……

真希望像树一样生活，
不必去分辨那些复杂的东西，
只是单纯、坦然且淡泊地活着。

那山，那人

1
走进大山，
并不是因为
山在那里。

在那山中，
有满目的青葱绿意，
正向我们招手。

那是因为，
未被污染的自然与人和谐共处，
时时散发出生命之光。

我希望，
可以回到这样的山中生活。

2

对于一辈子在山中生活的我们而言，
山并不只是大自然的一部分。

山也是庞大的生命个体，
拥有永不凋零的胸怀。

山中不只有花开花落，
山中也有诗歌，
也有音乐、思想与宗教。

我们要记住，
人类的伟大思想或宗教，
不是在砖泥砌就的教室里诞生的，
它们是在纯净无染的自然草丛中萌芽的。

3

住在山里的人，
往往依恋山。
外人可能会觉得很好笑，
但是对山僧而言，
他们对于山的浓浓乡愁比任何人都强烈。

山并不是只有高耸的峰峦，
它也有深邃的溪谷。
山里有树木、山石、溪水，
还有鸟兽、云雾、山峰与山音。

山中万物相互协调，
进而造就一座和谐的山。

山在一年四季始终保持清新。
盛夏过后迎来凉秋的山，
令我们这些人世间的匆匆过客心动不已。

4

深山中不需要镜子，
周围的一切便是我的容颜。
深山中也不需要日历，
因为这里的生活超越时光。

因为孤身一人，
我不受任何束缚。
因为独处，
才能感受到纯粹的自我。

所谓自由，
也即孤身一人。

大镜子

无论你我，人人生而平等。
巨大的镜子里，不分远近。

应去哪里寻找平等，
还有那巨大的镜子？

只要倾听他人，
并细察自身，
必能悟得平等的品性，
以及那面巨大的镜子。

无 学

带着人类面具的生命越来越多，
真正的人却越来越少。
面对如此现实，知识分子能做些什么？
如果不敢摘掉那些面具，
便做不了任何事情。

有种说法叫做无学。
这并非不去学习或者无知，
而是指虽学富五车却虚怀若谷。
不要被学问或知识束缚了手脚，
要摆脱那些繁杂无用的观念，
要自由自在、生气勃勃地活着。

我们不是玩具娃娃，
而是有生命、会活动的人。
我们不是被牵着走的家禽牲畜，
而是有信念且堂堂正正生活的人。

冥　想

1

当人不受任何事物羁绊，
自由自在、一心一意地生活时，
内心自然会变得平和澄澈。

和吃喝玩乐、睡觉学习一样，
冥想也是生活的一部分。
冥想，是对自己的观察，
是去观察自身内在的情感变化、
行为言语以及生活习惯。

如同站在河堤上，
默默地看着江水流动，
这也是观察。

冥想犹如无声的音乐，
可以隐没观察者的极度沉默。

冥想的内容也是常新的，
过去所做的冥想并不会长存至今。

即使同一根蜡烛，
新燃起的烛火也与此前有别。
昨日之冥想亦与今日不同。
冥想如流动的江水般常有新意。

我是谁？
应在沉默中一再自问，
答案也就在沉默之中。
若无法时时自省，
内心将会荒芜。

去冥想吧，借此探寻生命。

2
冥想是敞开心扉，
去聆听与观望。
冥想是抛却思考带来的烦恼，
坦然地面对自我，
体悟内心潺潺流动的平安与喜悦。

醒悟来自何处？
那绝非来自外界，
而是心中盛开的花朵。
若过度专注于探究外界，
而不深入内省，
醒悟之花就不会绽放。

真理，
总在沉默中萌芽。
不要总是向外界探询。

万物萌芽的春季里，
应倾听自己的心声，
在聆听中开启全新的人生。

位　置

曾拜访山中的某座寺庙，
有位禅师的房间里悬挂着名家的山水画。
那是一幅卓越超群的画，
却没有遇到合适的主人与场所，
以致无法焕发光彩。

描绘山水的画作，
无法在真正的山水中展现光彩。
那样的山水画，
该放置于远离自然的都市中，
也只有在那里，它才可以毕现光芒。

万事万物，
都应待在正确的位置上，
方可生存。

生死观

活着的时候应忠于生命，全心全意地活着。
死去的时候应忠于死亡，毫无留恋地死去。
活着的时候，不必考虑死亡。
一旦将死，也应对生命毫无眷恋。
生或死，
皆为必经之事。

我们应全心全意地活着，
然后毫无留恋地死去。

花开花谢，同样美丽。
如牡丹般簇簇凋零，
多么艳丽啊。

只顾伸展新叶的花朵，
凋落时美丽自然不再。

不担忧生死，
全心全意活在当下，
这便是佛教的生死观。

每分每秒地活着，
亦是每时每刻都在走向死亡。

贤者虑生，
不虑死。

出淤泥而不染

去观察吧。
挺直腰身、心平气和地坐下来，
不必试图停止思考，
那是无法停止的。

只需去观察这些思想。
观察者，
如立于丘陵之上俯瞰山谷一般，
已然超越了被观察者。

观察之时，
不要妄下判断，
只需静静地观察，
如同看着江水流动，
然后接受这些思想。
不要抗拒，而是全然接受，
做到出淤泥而不染。

他是谁

1
有双眼睛在身后时刻望着我。

无穷无尽的渺茫岁月中，
有双眼睛在不分昼夜地
时刻观察我。

他是谁呢？

不要为我的话语所困惑，
好好思考他到底是谁吧。

不要逃离，
要习惯他。
生命将因此常新。

2

不论我们出口的是无心之言，
还是别有深意之词，
身旁都会有耳朵在聆听。

可称其为神，
也可称之为灵魂，或佛性。

他的言语，
必将开启他的内心。

我们可以通过他的言语，
了解他的内心世界。

忙于俗事的我们，
需养成沉默和倾听的习惯，
方可得到启悟。

一期一会

茶道界有句话叫做"一期一会"。
意为一生之中只得一次相见的因缘。
若将与某人共处的时光，
视为此生中唯一与之相交的机会，
相处时就会更用心。

想到日后还会相见，
就会随意接待对方。
若当此次相见是第一次，
也是最后一次，
便无法随意待之。

机会并非常有，
一旦错过便追不回。

宽　恕

宽恕是最高深的修行。
宽恕他人，
自己也将得到宽恕。

每天都是崭新的一天，
切勿陷身于陈腐的往事之沼，
而应当记得宽恕，

将心上的系缚一一解开，
即可获得自由，
修行之门也会豁然敞开。

怨恨之刃

宇宙是极为庞大的生命个体。

我们生活在这宇宙之中，
已经互相融入，成为彼此的一部分。

若以怨恨之刃伤害他人，
伤及他人之前，
必将刺伤自身。

和　谐

对于生命的尊重，
不仅仅表现为某种感觉或姿态。
那是一种生活的态度，
是人类对身边数万生灵的神圣义务。

活着的最基本准则，
便是不去伤害他人。
这不但包括恶人，
还包括所有的生命。
世间万物，
都有权利按自己的方式生存。
我们不能只为一己私利，
就去干涉、统治甚至操控他人。

人与自然，
需要达成和谐与均衡，
否则便会产生异变：
地球将为各种灾难所苦。
泥土施予我们恩惠，

应珍视它，并常怀感激。
我们还应该感谢水、
温暖的阳光，以及空气。

要懂得饮水思源，
懂得我们是因为谁的恩惠，
才得以在此生存。

误 解

"我对你的爱至死不渝"这句话，
其本意或许是，
"我对你的误会致死方休。"

若有人赞誉你，
无需为此洋洋得意，
也不必因被人诋毁而生气。
若只见到事情的局部便急于下判断，
则易生误会。
所谓误会，不正是缘于不理解吗？

问题在于自己该如何面对。
真相存在于言语之外，
不会因别人的任何言语而改变。
要看清真相，须借助智慧，
而非某种成见。
在见到真相之前，
一切看法都只是误会。

旧岁新年

有人问，
对于不久的将来，
禅师有何愿望？

我如此回答：
"我只活在今天，
对未来毫不关心。"

此时此地，
我们活着，
就是活在当下这一刻，
而不是活在其他时段。
下个瞬间或明天的事情，
有谁能预知未来呢？

鹤鸣禅师这样说：
"不必区分旧岁与新年。
冬去春来虽意味着新旧交替，
但你看，那天空何曾改变？"

如旷野一般

冬天是万物化作种子的季节，
是喧嚣的岁月安然入睡的季节，
是反复回味沉默的意义的季节。

应在冬天这样的季节，
摘下夸张与伪善的面具，
看清自我的真正面目。

我们的内心，也需要沉默，
需要从噪音中解脱出来。

应如同树上光秃的枝丫一般，
侧耳向天，
聆听那无声的沉默。

如寒冬的旷野一般，
我们的内心也需要变得空旷。

最初的念头

应当静静地观察。
观察内心的变化，
以及最初的念头。

达摩祖师曾说：
"通过观察内心，
可以看透一切。"

知识源于记忆，
智慧则来自冥想。
知识源自外界，
智慧自内心萌芽。
应去观察内心的思想与变化，
视冥想为必做的功课。

万物皆萌发自最初的念头。
冥想便是去观察这念头。

应养成不经意间，
也会观察内心的习惯。

去观察最初的思想，
为的是寻回真实的自我。
为的是敞开心扉，
开启被重重封锁的内心。

觉醒之路

觉醒之路只有两条。

一条是智慧之路，
另一条是慈悲之路。

一条是审视内心、
不断进取的冥想之路。
另一条则是关爱友邻、
与人共享的实践之路。

应通过智慧与慈悲，
使那天生兼具佛性与灵性的种子，
绽放出香气漫溢的花朵。

原本清澈的内心，
更应通过冥想与分享而更加清澈。

一旦爱的种子在心中萌芽，
我们便可重获新生。
净化内心，如是修行，
是为了对世间有所助益，
而非为了自我。

忍耐与坚持的世界

每个人都持有花种。
如圣人所言，
若未经受逆境的历练，
种子就无法萌芽开花。
一粒等待萌芽的种子，
应具有被深埋于泥土，
还能坚持向上的韧性。
因此娑婆才被称为
忍耐与坚持的世界。

值得忍耐与坚持的世界，
不是极乐世界，
亦非地狱，
而是娑婆世界，
这其中隐藏着生命的奥秘。
我们生活在娑婆世界，
应铭记这一点。

同理心

阿尔贝·加缪曾经说过:
"当我们迎来人生的午夜,
对他人的关爱将成为审判我们的基准。"

令他人喜悦,
自己也将感到喜悦。
令他人痛苦,
自己也会感到痛苦。

若温暖待人,
不只他人将受益,
自己的心境亦会随之平和。

人人都需要关爱,
需要在关爱中成长。

无　我

学习佛法，
即学习无我。

学习无我，
即忘却自我。

忘却自我，
即清空自我。

清空自我，
即可包容万物。

可包容万物，
即可得解脱。

得到解脱的自我便是真我，
便是一个完整的我。

你在哪里

"在这个世界，你在哪里？
若干年后，
你到了世界的什么地方？"

这是马丁·布伯在《人间路》说过的话。
请不要漫不经心，一瞥而过，
请一字一句地低声诵读。
通过反问自己，
可以感知岁月的分量与光芒。

偶尔，应通过这样的自问，
审视自己的人生。

过去的一年，你如何度过？
你做了哪些事，过着怎样的生活？
你见了什么人，与之如何交往？

对子女倾注热情，真是在为他们着想吗？
或许是为了自己吧？
你应如是审视自我。

若疏于向内审视，
容易成为机器般木讷的人。
若只如动物一般活着，
就会丧失生命的意义。

同为生物，我们之所以称为人，
是因为我们能够审视自我，
并进而反省。

再次低声问自己吧：
"在这个世界，你在哪里？"

借助这样的自问，
你将听到内心深处涌出的
真正的声音，
继而也将懂得
如何衡量生命的价值。

明察秋毫

若未亲眼看见，
他绝不被毫无根据的耳语所左右。
他不仅不会被虚假事物蒙骗，
即便遇见真实的东西，
也不会为其困惑。

他的心里，确然有一双明亮的眼睛，
可进行观察，做出判断。

不为琐事浪费时间，
为了什么而活在世上，
又该如何实现生命的价值，
他在时刻思考此类问题。

自律、自主的人，
不会在意别人的言辞。
任何人的诽谤中伤或是甜言蜜语，
均与他无关。

一切对他而言，
都只是错身而过的一阵清风，
他不会被这阵风所蒙蔽或动摇。
只有稻草人，
才会对风发怒或是感到欢喜。

什么是坚守自我？
不是盲从别人既定的规矩勉强行事，
而是坚持自己的原则与生活方式。
这样才不会妨碍或是伤及他人，
也不会被他人伤害。

要睁大双眼。
谁能让我们闭起双眼？
应改正自己无法观察，
只能借用他人双眼去看世界的陋习。

心中的双眼不会沾染风尘。
睁大眼睛，世界将尽收眼底。

雪　花

光秃的树枝上有雪花晶莹绽放，
我看在眼里，心满意足。

枝干上一叶不存，
却有美丽的雪花。

绿叶满枝的常青树上，
很难见到这样的美。

只因其周身已经悬之有物，
无须再添加什么了。

相　见

并非诞生即可称为人，
那不过是拥有生理年龄罢了，
人需要心理年龄。
有过相遇的经历，
人方可成长、成型。

无论是人，还是书或思想，
其成型的过程，皆由无数次相见构成。
相见，也意味着醒悟。

当陌生的世界在眼前展开，
当甘甜的生命之水不断涌出，
我们继而了悟生为何物。

街市的道路上，
大家都在为见到某人而奔走。
若相见时不觉欣喜与感激，
也不过是打了个照面，
不过是单纯的社交而已。

求道者见面时，应当庄重。
应自省，你的内心本质如何？
你的人生又将如何展开？

以这样的概念去观察，就会发现，
有多少人孤独、彷徨、手足无措，
夜夜无法入眠。

——

自真正相遇的那一刻起，
人们将不再孤单，
将感到欢喜和感激。

内在的力量

人的皮囊总有一天会老朽，
内心却是常新的。

灵魂没有年龄，
是一道无始无终的光芒。

重要的是怎样老去，
怎样度过这一生。
不必为外表而费心，
应让内心常葆新鲜。

依凭内心而非外表去生活的人，
无论人生境况如何，
都不会腐朽。

世间万物

宇宙间的万事万物都不会静止，
而是不停地运行、流动。
静止于某处，便会失去生机。

日月星辰在时时变化，
我们所依存的地球，
也在宇宙中运转。

所谓无常，不是指那些虚妄之事，
而是指"不恒常""不恒久"，
"不固定""持续变化"。
这也正是宇宙的本来面目。

生命在变化的过程中孕育，
其奥妙亦通过变化得以展现。

世间万物若静止不动，
必将停止呼吸，走向死亡。

所有生命都在无止境地变化翻新。

春天逝去，

夏、秋、冬依次而来，

这便是宇宙运行的节奏。

因此，我们应懂得珍惜未来，

而不是惋惜消逝的岁月。

看见真相

先暂时搁置占有的念头，
心无所想，
便可张开双眼，看得真切；
竖起双耳，听得真切。

可见、可听、可触的领域，
其实也不过是真相的一角。

想要看到全部真相，
可见和不可见的事物皆需辨清。

欲眺望大陆，
应同时放眼汪洋。

想看到明亮处的东西，
就该懂得如何同时看到黑暗。

空

进入空无一物的房间，
便会发觉蕴含其中的纯净。

教堂、清真寺、庙宇，
正是于空寂之中，
散发神圣的气氛。

人在空荡与静寂中，
亦可审视自我的本来面目。

我是谁

美国哲学家马尔库塞，
将现今时代喻为物质丰饶的监狱。
监狱中有冰箱、洗衣机，
也有电视和收音机。
已被囚禁的我们却对此毫无察觉。

若要逃离这丰饶的监狱，
须先明白人是为何而生，
又该如何生活。
要直面那最根本的疑问。

我是谁？
就这样问自己吧。

我是谁？
应一再追问，
直到自我的真面目显露。

不要只是表面上问问，
而要恳切地扪心自问。

答案就在问题之中，
不问，则得不到答案。

我是谁？
应层层深入地追问下去。

无字书

与书相对，
一页页地翻阅之时，
也应随之翻阅自身。
应唤醒沉睡的灵魂，
追寻更有价值的人生。

若能如此，
便连不著一字的书也可读懂。
正所谓"书中自有黄金屋"，
去书中寻找那条道路吧。

梦　想

我至今仍然梦想，
在山清水秀之地盖间房子，
足够一个人生活即可。
泥土、木材、草料、石头和纸张，
仅以这些做建材。

用泥砖盖房，
一房一厅，再加一间厨房就可以了。

啊，我拥有这样的梦想。
虽不知这梦想是否能在今生实现，
还是说要等到来生。
即便最终只是个梦想，
现在的我也非常幸福。

背　影

虽然时常见面，
但心中的另一双眼睛所见，
实为那越紧闭双眼越清晰浮现的背影。
这样的背影是美丽的。
应拥有能够看到这背影的慧眼。
你所看见的正面不过是幻象，
只有背影，才是真实的存在。

鲜活禅

参禅之法，
并非借助外界的知识理论，
而在于透过自身的体验独自参悟。

不能仅仅理解表面含义，
而要用心把握精神内涵，
通过审视自我，
唤醒那沉睡体内的无限创造力。

因而禅修的途径，
并非书本知识，
而是身心体验。

当你以无限的创造力，
关爱他人、散播智慧时，
也就能在日常生活中参悟禅。

在禅房内所参透的禅，
仍然带有封闭性。

参透证悟的法门后，
还需再回到实践之路上，
才能真正参悟。
众多面目苍白的佛像，
只会令活佛感到惋惜。

登 山

若去登山，
就会自人海中得到解放。
少做那些毫无意义的事，
保持沉默，回归自然吧。
至今仍游荡俗世的心神，
该回归自然了。

应抱着豁达的心态，
观望万物，
放松自我。

抛开复杂的念头，
以平和的心态聆听大自然。

我们囿于世俗的言行思想，
兜了多少圈子，
走了多少弯路。
如今该冷静地回望了。
应转身回顾自己，
是否已在俗世中忘却了自我。

不要为他人的言语所困扰，
要自己去看，自己去听。
否则将无法活出真正的自我。

大自然为满身污垢、疲累至极的人们擦拭身心，
提供休憩的场所。
我们只需走进它的胸怀，接受它的拥抱。

给予彼此空间

想和谁在一起，
终究只是愿望，
人从本质上看，
都是孤独存在的个体。

每个人都是独自来到这世上，
离去时也将孑然一身。
而且也只是独自生活。
就像森林中的树木，
每一棵都是孤立的。

每个人的人生各不相同，
缘来便聚，缘尽则散。
但主导因缘的不是他人，
而是我们自己。

相较于某些宗教教条，
这才是对宇宙运行规律的生动阐释。
世间万物并非静止不动，
而是时常变化的。

若想长久与谁相伴，
就不要去窥探对方。
应独处，而非相互束缚。
如琴弦一般，
虽然同奏一曲，
却各自独立。
彼此应保持琴弦那样的距离。

内院盛开的花

坐在树荫下眺望山脊，
内院里有清澈的水在流动，
有馨香四溢的花在绽放。

一个人默默地望着树林时，
自己也仿佛成了一棵大树。

心无杂念面对自然，
会感到满足与闲适。

每当此时，
都想表达自己无限的感激之情。

一天二十四小时之中，
若少了这平静清澈的闲暇时光，
生命就会失去活力，
就此凋零。

独　处

若欲将知识深化为智慧，
须专心思考生命的意义。

应全面审视自我，
以此证悟自身。

我来自何处？
为什么活着？
又将怎样活着？
应对自己提出这些最根本的问题。

因此，我们需要独处，
一个人静心内省，
从而摆脱外界的纷扰，
去聆听内心的声音。

独处的这段时间，
是回归真我的机会，
是与自身坦诚相见的唯一契机。

独处犹如明镜，
我们的日常生活，
从中得到反射；
灵魂的面目，
亦可照见。

简朴，再简朴些

单纯与简朴的世界，
即是沉默的世界，
或曰空旷、空灵的境界。
在这单纯简朴中，有留白之美。

人总是想占有什么东西，
却从未想过清空。
我们执著于拥有，
却不知只有清空，
才能填入新的东西。

我们若懂得放弃，
即使只是放弃某个念头，
也能听见灵魂的回音。

不再执著于任何事物，
全部清空之时，
那单纯简朴的世界，
便是极乐境界。

重　生

所谓活着，是指什么呢？
此时此刻存在于此地，
便是活着。

不是昨天或明天，
而是存在于当下。

生活即是指每个当下都在重生。
懂得了该如何生活，
死亡也将不再陌生。
有死，就有生。

不经历那每个当下的心理死亡，
我们就无法实现新生。

今天并非昨天的延续，而是全新的开始。
所谓崭新的清晨，即是此意。

同　伴

真正的同伴，
可以深入自己的灵魂，
回应自己的内心。

为同伴低声祈祷时，
两人的灵魂将合为一体。
那是彼此澄净清澈，
相互照见的缘故。

同伴之间即使没有言语，
也能通过无声的交流，
沟通彼此的思想、愿望与期待。

最大的恶行

"人若能时常咀嚼野菜根，
不管什么事，
便都能做成了。"
对于这句话的念头，
饮食油腻的人至死也不会明白，
但饮食清淡的人当即便能体会。

我们所吃的食物，
会进入体内融为肌骨血肉。
不仅如此，
连同那食物附带的业，
我们也会一并吞入，
继而化作自己的体质与品格，
其过程却不为肉眼所见。

折磨动物，
或将其杀害，
即是恶之最，
是最严重的恶行。

无论何时何地，
若想探得真理，
就该如同关爱自身一般去爱护
那些看似微不足道的小生物。

清　醒

幸福其实很简单。
秋日里静静地裱糊窗纸，
当阳光从窗棂射入时，
多么温暖啊。
这就是一种简单的幸福。

把糊窗纸的工作交给油漆工，
便是舍弃了快乐。
力所能及的事应亲自去做。
无论裱糊，还是清扫、修葺房屋，
只要自己动手去完成，
便会感受到幸福。
把工作交给别人，
就会错过幸福。

想得到幸福，
须保持清醒。
不应过于注重体形，
脸上是否有雀斑，
自己是胖是瘦等等。

需要关注的，
应是自己的心性。

应时刻保持清醒。
这样才能真正了解自我，
才能生活得更加幸福。

死 亡

死亡，
如同蔬果中包含的种子，
孕育着生机。

谨记死的意义，
就不会丧失对生的希望。

若不去唤醒生命中的明朗、美丽与善良，
只为自己而活，
就和终日啃食干草、最终被送进屠宰场的牛无异。

"今天的我是怎样的？"
要像这样自我反省。
你真的每天都像人一样活着吗？
充分发挥生命的机能了吗？
活出真正的自我了吗？

生命犹如田间的水，
每日灌溉才不会枯竭。

因　缘

所谓因缘，
如同将种子播撒在心田，
它终将萌发新芽，
抽枝展叶。

这微妙的关联，
便是因缘。

宽　容

人与流动的江水无异，
此刻虽坐在这里，
但每个瞬间都在变动。

人是时常变化的。
日日相同则不能称之为人。
正因如此，
勿对他人妄下评断或审判。

指责或批判某个人时，
所批判的，
已经是几个月甚至几年前的那个人。
如今并没有人知道，
他的内在发生了怎样的变化。

因此，对他人的指责，
往往是错误的。
我们做出某个判断时，
对方已经是另一个人。

改掉厉声指责他人的陋习，
内心才能增长爱的力量。
凭借这力量，
方可萌发生命与幸福的新芽。

直线与曲线

以人类双手创造出的文明是直线。
相对而言，原始的自然便是曲线。
人生道路同样是曲线。
若笔直地向前伸展，便能看见尽头。
这样活着又有什么意思？
正因未知，才会有了解的愿望。
这也正是曲线的奥妙所在。

直线是急躁、冷酷、无情的，
曲线却从容、宽厚且温和。

无论如何也不放弃，
努力做力所能及的事，
说到底也是曲线的奥妙。

人生偶尔也会转弯，或是迷失方向，
我们需要的正是曲线般的生活技巧。

以柔克刚

临终时，
老禅师将弟子叫到床前，
给予最后的教诲。
禅师张开自己的嘴，问弟子：
"可在我的口中看见什么？"
"看到了舌头。"
"看不到牙齿吗？"
"老师的牙齿已经全部脱落了。"
"牙齿脱落，舌头却还在。
你们明白其中的道理吗？"
"牙齿坚硬，才会脱落，
舌头则因为柔软才能留得长久，对吗？"
禅师点点头说：
"正是如此。
柔软的东西比坚硬的东西更强大，
这便是世间智慧之大成。
现在，我再也没什么可以教给你了。
只有这一点，你要铭记于心。"

空罐子

时值凉秋，
我利用空罐子来做冥想。
先在西侧窗户下放置了小罐子和果盘，
然后靠在墙边开始观察。

几天前将野花放入罐子时，
看到了自己稍嫌厌恶的神情。
如今罐子空了，
却能感受到无限的盈满。

看着那空空的罐子和果盘，
比起得到，
这种失去后的满足感，
更近似于"真空妙有"。

那是从空罐子中领悟到的，
在空旷中得到满足的境界。

与花儿对话

花儿通过香气来交流，
人则通过语言和呼吸去确认对方的存在。
相比之下，
花儿感触彼此的方式更为优雅。

某年秋天，
溪边的花儿都谢了，
只剩一株龙胆花。
对于花蕾内部的模样，
我很是好奇。
于是我靠近那株龙胆花，
低声说道：
"很想知道你的房间是什么样子啊，
能否让我看一下呢？"
第二天我无意间走到溪边，
再看到那龙胆花时，不禁大吃一惊。
它已经打开花瓣，展露内在。

想要充分了解，
首先要去关爱。
自己敞开温暖的胸怀，

对方自然会打开心扉。
因为世间万物，
都是彼此关联的。

自　然

无论是谁，
走进森林或是树荫后，
都会变得和善。

在混凝土浇铸而成的墙壁后面，
或是在沥青铺就的柏油路上，
或许能编造出完美的谎言。

然而一旦站在平和的树木下，
谎言便无法说出口。
一旦开口述说，
即可分辨其中的善恶与真假。

偶尔从喧嚣中沉寂下来，
回首过去，
便能看见于俗世中忙碌奔走的自己。

积聚噪音与灰尘的文明都市，
已经疲惫不堪，
无法为人类提供休憩之地。

用树木、鸟兽、流水、浮云与星辰织就的大自然，
才是最适合人类的平静之所。
大自然谦虚有序，兼备美德，
人类应向它学习。

雪中花

寻找雪中花的人，
内心也会如花朵般美丽。
雪中花只能细心栽培，
却无法采摘，
为此，现代的都市人，
偶尔会去花卉市场观赏它。

勿一味陶醉于花朵的芳香，
而应借此反顾自身，
看一看自己的人生，
是否也充满清香与风雅。

不断逃离

要从围困自己的丰饶监狱中脱身，
最重要的便是保持警觉。
否则，
就没有逃脱的可能。

只有保持警觉的人，
才能幸福地活着。
只有警觉的人，
才会为了提高生活质量，
而不断尝试逃脱。

什么是真正的人生？
不是为了满足欲望而活，
而应更具深意。
若失去意义，
人生便只剩空壳。

看着喜悦

这座山若属于我，
我便会因为这样的拥有，
而失去喜悦与满足感。

我会担心大小诸事，
担心缴纳税金的负担，
担心山谷里的虫灾，
或担心有人偷伐树木，
这样便无法安心。

所幸此山非我所有，
因此我可以尽情欣赏，
像观赏庭院般感到欢愉。
据为己有与纯粹的欣赏不同，
感受到的喜悦亦不相同。

成为赤裸

圣贤曾说，
人与人之间不需要任何遮蔽，
应除去所有衣物，赤裸相对。
此时，我们亦披上了名为"赤裸"的外衣。

无论怎样的衣衫，都可以穿脱自如，
这才是真正的赤裸。
圣贤称其为"达到了悟境界之人"。

自　由

爱，
使人内心温暖清澈，
也使人更慈悲，
会时时为对方着想。

无论喜爱的是人还是物，
只是看着对方，便会感到满足。
若想拥有必将带来痛苦。

曾想在自己的房间里，
放置一两件瓷器，
或是悬挂精美的画卷。
但一周之后，
却根本忘记了它们的存在。

这便是拥有。
一旦拥有，
便失去了兴趣。

若只是观看，
没有任何负担地观看，
愉悦之情便可长久保持。

应挣脱束缚，
回归自由。
爱，或人与人之间的关系亦然如此。

自然之前

生活是为了自己，
而不断创造的过程。
这过程不能假手他人，
应由自己去创造。

草木抑或人类，
皆有生老病死。
树木默然矗立，
看似面无表情，
但它的内在，
从未停止创造。

时刻准备萌发的新芽，
只待时机一到，
便将潜藏的生命力，
向大地热情地迸发。

无 心

1
幽寂的夜里，
月光倾泻房中，将我唤醒。
偶尔侧耳倾听无声的夜，
伴着月亮的呼吸声入眠，
这些都是无心之举。

风起，花开花落，
云聚，雾气缭绕，
江水的冻结与融化，
都是自然的无心所为。

谁可以干涉？
我们只是在不经意间，
侧耳聆听自然。

想感受自然的神秘与美丽，
只需保持沉默，
淡然倾听。

2
自然不只是我们永远的母亲，
更是我们的老师。

大自然条理分明、井然有序，
无声地传达了许多教诲。
在自然面前，
我们应暂时搁置那些浅薄的知识，
保持沉默，
去倾听自然之声，
宇宙之语。

面对自然，
人应学会沉默。
如是方能明白，
人亦是自然的一部分。

寡　言

想要修行的人，
言语首先要有所节制。

要抑制说话的欲望。
话多的人，
思考能力薄弱。

话多者不可信，
是因为其缺乏自律，
行动未成，
便先用言语表达。

应养成三思而后言的习惯。
应习惯于侧耳聆听。

应克制开口的冲动，
用心去思考，
便会明了，
内心所拥有的智慧与安定。

应珍惜自己的言语，
尽量不去干涉他人。

对某件事不做思考，
便随意诽谤中伤，
这是极恶劣的品行。

修行的理由

修行并非为了特意参悟什么，
而是为了观照真我。
如同镜子，
不去擦拭便会沾染尘埃，
擦拭之后才会放射光芒。

无论任何人，
都拥有自己的内心世界。
无论任何人，
内心深处都是孤独的。

为了调和那份孤独，
应去时时时自省。
不必向他人倾诉，
也不要过分依赖书籍。
即使是圣人的教诲，
也只是空谈理论。

应该用心修行，
这样才能领悟真理，并照见自我。

生活的规范

应养成每日静坐一小时的习惯。
睡坚硬的地板，而非柔软的床。
睡觉之前不要胡思乱想，
静静地冥想，再安然入睡。

饮食清淡，衣着素净。
早日远离人群，
亲近自然。
也要远离电视与报刊。

尽力去做每一件事，
但不要太看重结果。
如草芥一般，我们终将死去。
活着，就该好好地活，
死时，也应无愧而死。

我们每个人所拥有的，
都是一天二十四小时。
利用这二十四个小时的方法有异，
人生就会大不同。

虽然日常生活令人疲惫，
但若能养成习惯，
每日静坐一小时以观照自我，
人生将更具活力。

每个人的习惯不相同，
但过于安逸则容易懒惰。

你为自己制订了怎样的生活准则？
去创造属于你自己的生活习惯吧。

闲　暇

有这样一句话：
"不要把搬进房中的物什当做珍宝。"
执著于外界的物质，
依赖外界的知识与信息，
人便会渐渐衰亡。

如今，我们的生活总是过于丰饶，
毫无留白可言。
我们只注重填补实物，
而不知留出一些闲暇。

生命充满惊喜与神秘，
不只是人，
鸟兽与花草，树木与江水，
繁星与清风，泥土与山峦，
这些都是生命。
宇宙自身的和谐，
正是生命及其奥妙之所在。
有谁能将生命截断？
或是有什么制度可以压制生命的奥妙？

生命之美无法形容。
我们应留出闲暇，去观赏这种美。

白昼完成使命之后，夜晚即刻降临，
我们终有一天会消失。
天空晴朗，
才会留下美丽的彩霞；
人生有闲，
才会看清自己的足迹。

剩余的岁月里，我也想活出真正的自我，
染上那抹属于自己的彩霞。

空　房

独自安坐于空房，
却感觉如此丰饶。

比起塞满东西之时，
此刻正因空无一物，
反而更觉充裕。

坦　途

前方的道路绵延起伏，
有上坡路，
也有下坡路。

我们应择其一而行。
每个人的人生道路各不相同，
有人选择上坡路，有人选择下坡路。

上坡路虽然辛苦，
却是通往顶峰之路。
下坡路虽然好走，
却是坠入低谷之路。

我们若总是走在平坦的大道上，
十年也好，二十年也罢，
都不过是无聊乏味的路程。
这样又怎能算是人生呢？

行走于上坡路，
似乎能感受到某种
创造崭新人生的欲望，
继而拥有了全新的生命理念。

走过了上坡路，
我们可以再次获得新生。
不历经艰难险阻，哪得重生？

沉　默

欲以语言令灵魂产生共鸣，
就应以稳重的沉默为背景。
沉默是最根本的存在。
无论树木禽兽抑或人类，
均是在沉默中彰显自我。
万物皆应在沉默的大地上，
萌发新芽，伸展枝叶，开花结果。

我们随时可以体验沉默，
因为沉默并不受时空限制，
其境界就存于心间。

不必去外界寻找，
观照内心才能了悟沉默的真谛。
沉默是与灵魂沟通的捷径。

要在尘世喧闹中坚守自我，
须将沉默的意义铭记于心。

月　光

最近每晚都要醒来几次。
月光渐渐探入房间深处，
我也时常睁开双眼。
不能无视来访的月儿，
我只有起身招待客人。

比起白天，
我更喜欢在夜里静坐。
比起已逝的岁月，
这样的夜晚也将无多。

月光不让我入睡，
我也因此打起了精神。

犹如夜空中升起的月亮，
我也想照亮周围的一切。

忠　言

我们在忙碌的俗世中四处寻觅，
只为听到忠言，
但每次都失望而归。
忠言到底是怎样的？
它在哪里？
我们又为何要去寻找？

无论忠言在哪里，
若不诚心聆听与接纳，
它便对我们毫无意义。

忠言与教诲，
并不一定就是人之所言。
世间万物皆于每一瞬间，
展示着自己的忠言与教诲。

我们自幼时起，
便应听着种种忠言成长。
听过的，
长大成人后也不会忘记。

言语能为生存增添便利。
但若虚度年华，
言语也就毫无实际意义。
如同自己未曾体验过的事情，
单凭别人言说终将无法感同身受。
因此，无论何种教诲，
皆需付诸实践，方有意义。

清醒的人，
都明白这个道理。

忠言在哪里？
此刻它就在那里，
若能不虚度此生，
也就能觅得忠言。

每日一思

1
人活着，是要实现自我，
而不是为了依附于任何人，
所以，不要去模仿与揣测他人。
应如同出淤泥而不染的莲花般，
时常为身边的事物增添光彩。

2
踏上旅途之后，
应时时感受生命的精彩。
做过哪些事情，如何生存至今，
皆要一一回顾，以审视自我。

旅行不单是为了玩乐，
更是理清自我的历程，
是探寻生命意义的契机，
也是一场告别人世的演习。

3
偶尔离开自己的居所，
便能真切地看清，
在你离开这个人世后，
那个空无一人的地方会是如何。

这样的彩排，
能使我们暂时脱离烦扰的俗事。

4
应经历生命的嬗变，
进而到达本真的境界。
不经历则无法到达，
也将永远找不到真我。

5
若孤身行走，
心会变得纯净清澈。
独自处于陌生环境时，
人便会睁开心灵之眼，
看清最真实的自我。

孤独意味着自由，
意味着脱胎换骨。

6
淡泊无私的心灵之间，可以彼此相通；
小鸟和树木之间，能够友好共存。
这正是因为，
他们的内心未曾沾染污垢。

7

任何人都会想要依赖。

若依赖佛陀，不只是要虔信佛陀，

更要按照他的教诲去修习真我。

所谓佛教，不单指佛陀的教诲，

还包含了实现自我、修身成佛的道路。

因此，我们依赖的并非佛陀，

而是自身与真理。

这便是探究自我的佛教。

8

生命应如同流动的江水，

时时保持鲜活。

若流入砖池，被困泥沼，

水质就会腐坏。

应冲毁四周的堤坝，

在流动中生活。

9

生命的宽广与深邃，

是如此惊人，

又是这般伟大，

令我们得以在浩瀚人世间生存至今。

问题的关键，

不在于能生存多久，

而在于如何把握人生。

10

去寻找自己真正想做的事情吧。

然后尽心尽力去做，

从而焕发你的生命光彩。

11

穿上新装之前，

要先脱下旧衣。

不脱下旧衣裳，

便无法换上漂亮的新装。

要通行四方，

就不能停滞于任何一条道路。

12
人生的价值不在于满足欲望，
而在于寻找生命的意义。
应确认自己的人生，
还剩多少时光。

13
言语源于沉默。
未经深思的言语就与噪音无异。
只有沉默，方可洞察事物的深邃，
觉知自我的存在，说出有内涵的言语。
为杂音所扰，听不清内在的声音，
便是人类最大的悲哀。

14
与知己相处，即使沉默也能感受愉悦。
他们只是不曾开口罢了，
无数话语皆在沉默中交流。
寡言之人所说的话才有分量，
才能深入灵魂，
并萦绕良久。

15

不看也无所谓的东西就不看，
不听也无所谓的声音就不听，
不吃也无所谓的食物就不吃，
不读也无所谓的文字就不读。
我们应该养成尽量少观看，
少拥有，少见面，少倾诉的习惯。

16

只有懂得活出真我的人，
才是真正的人。

17

每个人都喜欢拥有，

而且厌恶失去。

这就要求我们看清楚，

此生真正获得了什么，

又失去了什么。

有时，无舍便无得。

为求有，首先要能无。

18

我不是独立的个体，

而是人群中的一个。

若没有相互依存的整体，

个体的存在也就毫无意义。

我便是泥土，是流水，是空气，是地球。

我是人类，也是宇宙。

一包含所有，

也栖身于万物之中，

一便是所有，

万物也必然归于一。

19

莲花扎根于心中，
高贵美丽、香气怡人，
应通过沉默、寂静与专注，
让它绽放。

20

所谓生存，即是一场生命的盛会。
若为人温和，心地善良，
世间的和善与仁慈便会相随。
相反，若思想阴暗或愚昧，
世间的阴暗也会涌至身边。

21

真正的禅师虽不开口训诫，
但聪慧的弟子们，
却能时常从他身上学到新的东西。
为了能使弟子自行参悟，
禅师不知疲倦地付出关心，
倾注了全部的热情与诚意。

22

心是存在的核心。

若没有心，生命便将死寂。

被称为生命奥妙的爱，

还有那多情的目光，

亦是在心中萌芽。

心是生命的中心。

这中心若机能麻痹，

人便被认定死亡。

23

清醒的人，

从不停止自省。

应认清自我，

且不为其所束缚。

应从自身做起，再及其余，

以积极向上的心态生活。

24

能于每时每刻重新开始的人，

才算是活着。

从老旧处开始，

从陈腐处开始，

应能一再地离开、出发。

25

应于沉默中不断重生。

投入沉默的深海，

便可以此审视自我，

使凋零的生命之芽复苏。

26

人应时常面对那些最根本的疑问。

我来自何方？

又将去往何处？

我是谁？

不这样问自己，

就不能算是真正地活着。

27

聪慧之人，

比起紧握手中，更乐于松开手掌，

比起直奔向前，更乐于迂回行进。

文明是直线，自然却是曲线。

曲线之中包含着平和与均衡，以及生命的奥秘。

生活的技巧即在其中。

能在曲线中体验乐趣，

便能打开灵魂之门。

28

时间终究留不住，

一旦逝去，

便寻不回。

应在双眼明亮时，

竭尽全力去学习。

应在青春暂驻时，

不畏艰辛去探索。

29

每一天，每一个瞬间，

我们怎么说，怎么想，怎么做，

都将决定自己的未来。

千万不要忘记，

站在岔路口时应走向何方。

是生活在光明里，还是黑暗中，

亦取决于我们的内心是明是暗。

30

岁月带不走清醒的灵魂，
而会绕道而行。
因为清醒的灵魂，
总是充满生机。

31

我们身边绽放馨香的花朵，
是令人惊奇的生命，高贵而神秘。
寂静的森林里，
鸟儿舒展清脆的歌喉，
唱出为生命增添活力的旋律。

比起那些政治或经济现象，
这样的场景，
更契合人们的实际愿望。

在静夜的月光下，
在梅花的清香中，侧耳聆听，
自身也会隐隐散发生命馨香。

32

我喜欢孤寂的人生
并非为了避开他人，
而是为了应和生命的旋律，
走属于自己的道路。

与人相比，我更喜爱树木。
那是因为孑然一身却怡然自得的树木，
总是守护在我身旁，
给予我莫大的帮助。

33

我愿无止境地，
无止境地忍耐。